AF459621

CAISSE

HYPOTHÉCAIRE

D'AGRICULTURE.

Le plan de cet Établissement a été soumis à l'examen et à l'approbation du gouvernement, par A.-G. DELEUZE, rue Montholon, n°. 4.

AVANT-PROPOS.

La multiplicité des propositions qui sont faites au gouvernement, à cette époque de nos malheurs, et dans le but de les adoucir, atteste que le caractère français ne se dément pas, et que la patrie excite toujours de généreuses sollicitudes.

Ce qu'on va lire n'est ni un plan de finances, ni même un projet nouveau, conçu pour les besoins du moment. C'est l'analyse raisonnée d'un système de *Caisse hypothécaire* à introduire en France, que j'ai depuis long-temps médité et perfectionné, en rectifiant les modèles imparfaits qu'en offre encore la Prusse, et qui, en 1804, ont été follement ébauchés parmi nous.

Ce système, soumis l'an dernier à la discussion la plus approfondie par l'administration publique, a triomphé de toutes les objections faites de bonne foi pour l'intérêt général. On a reconnu que les propriétés en France, déjà obérées pour la plupart, destinées aujourd'hui à affranchir l'État des contributions de guerre, étaient de peu de secours, vu la rareté du numéraire circulant; qu'il fallait les faire servir à une sage émission de signes représentatifs, qui vinssent ajouter à la somme insuffisante des moyens d'échange; seulement on a été retenu alors par la crainte que l'essai ne fût prématuré, et que l'opinion ne le secondât pas de toute sa puissance, comme il doit l'être.

C'est aux administrateurs actuels à vérifier par le rapprochement de tous les avantages de l'émission, développés dans le Mémoire qui va suivre, si elle peut être sans danger différée plus long-temps, et s'il y a possibilité de lui rien substituer qui soit préférable *au cours donné par les particuliers eux-mêmes à leurs propriétés mobilisées.*

CAISSE HYPOTHÉCAIRE
D'AGRICULTURE.

De tous les maux qui pèsent aujourd'hui sur la France, le plus grave, le plus terrible dans ses conséquences est l'anéantissement du crédit, qui paralyse la circulation du numéraire ou des signes supplétifs. Il n'est pas, pour l'homme d'état, de sujet de méditation plus urgent; si un moyen prompt n'est pas trouvé pour rétablir dans tous les canaux, et pour toutes les classes, des valeurs suffisantes d'échange, la patrie peut encore être exposée aux plus grands dangers et à des commotions inattendues.

Pour trouver un remède, il ne s'agit pas de sonder longuement la profondeur de nos plaies financières et commerciales; elles sont assez connues.

Avant les derniers coups qui viennent d'être portés à la propriété et à l'industrie, il était déjà reconnu que nous ne possédions pas, à beaucoup près, autant d'espèces qu'il en aurait fallu pour satisfaire à tous les besoins.

Depuis l'habitude si funeste des guerres, que nous avions contractée, notre négoce français avait excessivement restreint l'émission de ces papiers de confiance, qui, sous le nom de *lettres de change* ou *billets*, faisaient fonction de monnaie.

Ce que les conquêtes nous avaient accidentellement procuré de métaux étrangers, était loin d'avoir remplacé l'immense secours des effets circulans.

Bientôt, d'ailleurs, les campagnes insensées de l'Espagne, de Moscou et de Dresde, non-seulement avaient repompé ces métaux d'emprunt; mais encore elles nous avaient dépouillés d'une portion considérable de la richesse métallique qui nous était propre. En un mot, nous éprouvions déjà très-sensiblement l'insuffisance des valeurs circulantes.

Deux invasions successives du territoire (la dernière surtout) ont aggravé le mal dans une progression effrayante, moins encore par les enlèvemens ou exportations d'argent qui ont eu lieu, qu'à cause de la terreur qui a porté à l'enfouir.

Il faut le dire avec douleur; tout semble conspirer à entretenir cet esprit d'inquiétude qui fait resserrer le numéraire, et qui repousse en même temps les billets de crédit que l'on voudrait y substituer. On a l'expectative de fortes contributions de guerre à acquitter. On n'est pas pleinement rassuré contre les agitations de l'intérieur. Chacun vit au jour le jour sur le capital qu'il s'est composé. Enfin, la crise est telle, que l'appât des gros intérêts ne séduit qu'un très-petit nombre de capitalistes. Ils ne prêtent qu'en tremblant, même à la propriété foncière, vu la difficulté d'en obtenir des remboursemens à jour fixe.

Dans une situation aussi fâcheuse, tout essai d'un crédit public serait inutile; toute création d'un papier-monnaie, impraticable. Toutes obligations du gouvernement à longs termes, et non assignées, seraient trop tôt dépréciées pour pouvoir être répandues, surtout en petites coupures usuelles.

La banque de France elle-même tenterait en vain

l'émission subite d'une forte masse de ses billets. Dans les temps les plus calmes, elle n'a pu réussir à les faire admettre dans les départemens. Ce sont cependant les départemens qui souffrent le plus de la pénurie d'espèces, et qui sont essentiellement à considérer.

Nulle part on ne s'arrangerait de l'émission forcée d'un papier quelconque, offrît-il pour garantie une grande moralité dans la personne des souscripteurs, des valeurs mobilières certaines, même des valeurs immobilières, toujours longues à discuter.

Il faut à la France d'aujourd'hui une monnaie de convention plus solide; il faut qu'aux yeux du public le moins éclairé et le plus ombrageux, cette monnaie de convention soit quelque chose de plus qu'un *titre de créance*, même hypothéquée, quelque chose de mieux qu'aucun des billets de banque connus jusqu'à ce jour.

Il faut qu'elle soit un *titre de propriété*, et d'une propriété impérissable;

Que ce titre soit, pour le porteur, échangeable à vue et à *sa volonté*, contre des écus.

Ce signe d'échange, par le mode de sa formation, doit être mis hors de toute atteinte :

Des coups de l'autorité;

D'abus de la part de ses créateurs;

D'accidens et de pertes même qu'on ne saurait prévoir;

D'embarras et de discussions;

Des moindres retards dans sa réalisation.

En un mot, pour qu'il soit admis dans toutes les parties de la France, comme valeur circulante, il faut qu'à n'en pouvoir douter, il vaille l'écu même; que, loin de lui être inférieur en rien, il lui soit préféré comme plus commode à porter, plus facile à compter, et ne laissant craindre ni les inconvéniens d'une refonte de monnaies, ni leur altération, ni la manie de thésauriser.

Enfin, en 1816, toutes ces conditions sont aussi nécessaires à un papier d'échange, que ce papier lui-même est nécessaire au public, à l'état et aux particuliers. Le corps politique ne peut pas rester plus long-temps sans alimens, ni ses rouages, sans action.

Une grande mesure doit être indispensablement adoptée, et doit l'être de suite.

Partout le sol français vient d'être dévasté. Les richesses mobilières des campagnes, bestiaux ou cheptels, instrumens aratoires, récoltes, effets du cultivateur, ses épargnes, tout vient d'être plus ou moins enlevé, plus ou moins détruit.

Dans leur impuissance actuelle, les simples fermiers, privés du capital vif et mort avec lequel ils exploitaient les terres, sont sur le point d'en abandonner la culture. Tout recours aux emprunts leur est interdit; ils n'ont plus rien à donner en gages au prêteur usurier qui, auparavant, dévorait déjà leur substance.

S'adresseront-ils à leurs propriétaires, si intéressés eux-mêmes à l'exploitation du sol? Mais la plupart de ceux-ci à leur tour ont été pillés ou soumis à de fortes contributions; et, depuis quelques années, leurs fermages ne leur sont point, ou leur sont mal payés. Ces propriétaires, épuisés par la conscription de leurs enfans, n'ont plus de réserves; ils n'ont même plus de crédit pour procurer des avances à la terre. Une législation sur les hypothèques, vicieuse, incomplète, leur ferme la voie des emprunts sur immeubles ; ils ont, d'ailleurs, à se prémunir pour l'acquit des contributions extraordinaires dont ils vont être frappés.

De plus longue main, en France, les canaux de l'industrie et du commerce sont desséchés. Les profusions pour la guerre, les spéculations de l'agiotage et de l'usure, l'énormité constante du taux de l'intérêt, ont détourné de nos fabriques et de nos manufactures tous les capitaux productifs.

Un grand nombre de ces établissemens sont abandonnés ; leurs mécaniques se détériorent ; les bâtimens qui les renferment forment une masse de propriétés sans valeur, ou plutôt onéreuses par l'entretien qu'elles exigent et par l'impôt qu'elles continuent de supporter.

La plupart des ateliers sont déserts ; dans les villes comme dans les campagnes, le travail manque aux ouvriers.

Le travail! cette source principale des richesses est tarie......

Maintes parties du service public sont en souffrance.

Diverses soldes sont arriérées.

Le nombre des individus qui n'ont ni revenus, ni provision, s'est prodigieusement accru.

Dans le dénûment de tous, nulle possibilité de s'entr'aider.

De toutes parts, les craintes du vagabondage se multiplient, et l'ordre social est menacé.

Allons jusqu'aux aveux qui ont le plus d'amertume ; ne nous dissimulons rien de ce que notre position a d'effrayant : le remède est à côté du mal ; nous le proposerons.

Il n'y a pas, dans le gouvernement lui-même, dans sa légitimité, dans sa sagesse, dans le respect et la confiance qu'il se concilie, dans le déploiement de son autorité, assez de puissance pour triompher seul des obstacles qui ferment la circulation.

De bonnes lois peuvent améliorer le système de nos finances, diminuer la difficulté de la perception des impôts, et mieux consolider la fortune publique. Mais, quand tous ces perfectionnemens se feraient en peu de jours, quand toute la force nécessaire se développerait pour mettre en recouvrement les nouvelles taxations ; ce chef-d'œuvre du législateur échouerait, parce qu'il manquerait la condition première, le moyen d'opérer.

Ce ne serait pas, si l'on veut, la matière imposable ; la terre et l'industrie ne disparaîtront pas ; il y aura même des produits territoriaux ou industriels disponibles pour les paiemens. Mais le numéraire, qui seul peut entrer au trésor, où le trouver, pour l'échanger contre ces produits ? Voilà le problème qu'il faut résoudre.

Confiera-t-on aux chances d'une solution, désormais au moins douteuse, les destinées d'un grand état encore agité, celles d'une famille auguste, celles d'une population immense, quand on a sous la main un ressort infaillible pour faire que tout se meuve avec aisance, avec sûreté ?

Pour consolider nos institutions, le gouvernement royal doit être consolateur : la plus prompte réparation des maux qui nous affligent doit être son premier soin.

Que le Prince offre quelques soulagemens aux diverses classes qui toutes sont plus ou moins accablées; que, même sans aucune compensation actuelle des pertes subies, ses décrets, ses plans, ses mesures effectives, donnent à tous l'espoir prochain et fondé d'un meilleur avenir : il aura pour jamais affermi son pouvoir, tous ses sujets seront confondus dans un même sentiment de dévouement et de reconnaissance.

La renaissance des travaux productifs, la certitude d'en retirer une subsistance suffisante, l'activité rendue à tous les agens de l'industrie, la constante application des bras et des esprits à des choses utiles, plus de contentement intérieur, une confiance plus grande dans les ressources futures; tous ces premiers bienfaits dissiperont les souvenirs fâcheux, disposeront les opinions les plus disparates à se centraliser, les rallieront en faisceau à cet heureux point d'unité, la monarchie constitutionnelle.

Si l'on insiste aussi fortement sur l'immense intérêt que doit trouver l'État dans l'émission du papier que nous proposons, ce n'est pas que cette émission puisse ni doive avoir lieu sous les seuls auspices du gouvernement, par ses ordres et avec ses seuls moyens. La confiance naît d'elle-même; elle ne se commande pas. Le gouvernement ne doit intervenir ici que comme protecteur, non pour créer, mais pour seconder la création du signe représentatif du numéraire, et sa circulation.

C'est une masse imposante de particuliers qui, sous la surveillance du gouvernement, doit en être l'unique émissionnaire. Ce sont eux seuls qui doivent fournir la valeur à représenter, non pas une valeur d'opinion telle que serait celle de leur solvabilité personnelle, accrue encore par la solidarité; non pas une valeur mobilière quelconque (toutes pourraient être, avec le temps, ou dépréciées, ou déplacées, ou fugitives); mais une valeur réelle, foncière, immuable, qui ne puisse qu'augmenter au jugement de tous; une valeur qui soit plus qu'engagée, qui soit bien effectivement transmise en toute propriété aux porteurs des billets qui la représentent, sans néanmoins être perdue sans retour pour l'aliénateur.

On entrevoit assez que le système proposé repose entièrement sur une mobilisation fictive, légale et conservatrice des immeubles.

Cette idée principale de *mobiliser* les propriétés foncières n'est pas une innovation. Sully l'avait conçue comme un moyen d'assurer à jamais la prospérité de la France; moyen ingénieusement fondé sur l'étendue de la richesse de son sol. Le temps ne lui a pas permis d'en faire l'application.

Plus récemment, le grand Frédéric l'a adoptée et appliquée pour la Prusse, à la suite de la guerre de sept ans, dans une conjoncture aussi calamiteuse pour ce royaume, que celle où nous nous trouvons. Les billets territoriaux, dits *Pfandbrieff*, qui circulent encore, quoiqu'ils soient simplement garantis par voie d'hypothèque sur des immeubles, quoiqu'ils n'aient aucun terme d'exigibilité, ont constamment conservé leur valeur dans le commerce. Jamais ils n'ont perdu au-delà de 6 pour 100, tandis que les effets des autres banques d'Allemagne ont souvent perdu 60, 70, et même 80 pour 100.

Chez nous, en l'an 1799, on a vu un établissement

tenter, sous le nom de *Banque territoriale*, de s'élever sur ce même principe de la mobilisation des propriétés, et d'en faire le type de billets circulans; mais on donna à cette banque des bases tellement fausses, qu'elle dut rapidement succomber. Nulles précautions n'étaient prises pour s'assurer de la réalité du gage; nulle mesure n'était gardée sur le taux des intérêts et des frais; nulle proportion entre les traites qu'on émettait et les contrats qui donnaient lieu à l'émission. Ces traites productives d'un intérêt, et dépréciées en naissant, n'étaient qu'un aliment à l'agiotage le plus scandaleux. Cet essai, malheureux dans ses résultats, parce qu'il était mal conçu, ne peut faire naître aucune prévention défavorable contre le moyen que nous présentons.

Voici, dans l'application plus sainement entendue de ce principe, les bases fondamentales du plan proposé :

Son mécanisme se compose de deux opérations essentielles à distinguer, quoiqu'elles soient simultanées, et la conséquence l'une de l'autre.

La première et la principale consiste dans la réunion de plusieurs capitalistes formant une compagnie, à l'effet de prêter aux propriétaires fonciers les sommes dont ils ont besoin, contre la vente de leurs immeubles, faite à ladite compagnie, à pacte de rachat.

La deuxième opération consiste dans la création et l'émission que fait immédiatement la compagnie d'une somme de billets au porteur, strictement correspondante à la valeur de chacun des immeubles dont elle vient de faire l'acquisition.

Dans l'une et l'autre opération, rien n'est laissé au

hasard, à l'arbitraire, ni au mystère, encore que l'on procède pour l'une bien différemment que pour l'autre.

On conçoit que l'opération première de prêter, qui se consomme de particulier à particulier, ne comporte nullement, qu'elle exclut même le concours de l'autorité. Le prêt est un contrat libre et licite, sur lequel emprunteurs et prêteurs peuvent s'entendre, sans qu'ils aient besoin d'aucune autorisation.

Il suffit, dans le droit, que la forme du contrat, les conditions du prêt, ne soient pas contraires aux dispositions de la loi.

Si le gouvernement intervenait en aucune manière dans cette opération du prêt, on pourrait craindre qu'il n'y exerçât une influence quelconque, qu'il ne gênât les volontés et ne dirigeât les appréciations.

Il faut cependant au public, puisqu'il doit y être intéressé par l'émission des billets, une garantie irrécusable que la valeur des biens fonds, sur laquelle ces billets vont reposer, ne sera exagérée en aucun cas; que, loin de là, cette valeur sera toujours fort supérieure au montant des billets qui la représenteront.

Voici les précautions prises pour donner au public cette assurance, et la lui donner de manière à ne laisser subsister aucun doute ni aucune inquiétude.

1°. Dans chaque département, des maisons de garantie accréditées auprès de la Caisse hypothécaire d'agriculture par des cautionnemens et par des actions qu'elles devront prendre, comme capitalistes elles-mêmes, feront constater sur les lieux, par des experts estimateurs, la valeur vénale de l'immeuble, au jour où la propriété est transférée à la Caisse. Ces maisons garantiront la valeur estimée, comme ne pouvant, en aucun cas, descendre au-dessous des *deux cinquièmes* de l'estimation.

2°. La Caisse hypothécaire d'agriculture, sur le vu des procès-verbaux d'estimation, et non autrement, effectue le prêt demandé : dans aucun cas, elle ne prête au-delà des *trois cinquièmes* de la valeur estimative de chaque immeuble, capital et intérêt compris.

3°. D'après la convention, le propriétaire emprunteur consent, au profit de la Caisse, la vente de sa propriété immobilière, à titre de réméré pour cinq ans.

4°. Enfin, la vente à réméré se réalise par un acte public, que reçoivent deux notaires, ou un notaire et deux témoins.

Telles sont, sur la première opération, les sûretés offertes au public : bientôt on en verra le complément en ce qui concerne la deuxième opération, savoir : le confectionnement et l'émission des billets circulans.

Quant aux propriétaires emprunteurs, au secours desquels il faut venir efficacement, et parce qu'ils souffrent, et parce que ce sont eux qui mettent sur le marché la valeur à négocier, les avantages de l'opération sont incalculables.

1°. La Caisse leur prête les sommes dont ils ont besoin, à l'intérêt modique de 4 pour 100 par an, payables à l'expiration du réméré avec le capital prêté.

2°. Elle les laisse en jouissance de l'immeuble qu'ils lui ont transmis par réméré, malgré le caractère de vente que porte la transmission ; en sorte que l'usufruit, pendant les cinq ans, demeure réservé aux vendeurs, et que la Caisse n'est saisie que de la nue propriété.

3°. A l'expiration des cinq années du réméré, la Caisse en consent la prorogation à cinq autres années, moyennant le paiement seul des intérêts échus.

4°. Dans le cas de non-renouvellement, la Caisse, renonçant expressément à pouvoir demeurer propriétaire de l'usufruit et de la nue propriété, droits qui lui sont acquis à l'expiration du contrat, fait procéder à la vente du tout, par adjudication publique, au plus offrant et dernier enchérisseur.

5°. Sur le prix de l'adjudication, la Caisse commence par se remplir de tout ce qui lui est dû, tant en principal qu'intérêts et commission de vente. S'il reste un excédant (ce qui doit toujours arriver, puisque les avances de la Caisse n'ont pas dépassé les *trois cinquièmes* de la valeur vénale de l'immeuble adjugé), cet excédant appartient au propriétaire emprunteur, ou à ses créanciers.

Ainsi, l'on a été au-devant, autant que faire se pouvait, de la répugnance et des craintes qu'éprouve tout propriétaire à se dessaisir de son immeuble pour se procurer des ressources.

Il ne s'en dessaisit ni ostensiblement, ni réellement, du moins quant à la jouissance; s'il administre avec sagesse pendant les dix ans de latitude qu'on lui laisse, ne supportant que 4 pour 100 d'intérêts (allégés encore par le report de leur exigibilité à cinq ans), il a tous les moyens de rappeler à lui la pleine propriété du patrimoine de ses enfans; et, si le malheur l'accable au point qu'il ne puisse, au bout des dix ans, rédimer son immeuble, il a du moins pour motif de consolation, la plus-value qui lui est remise après le prélèvement de son *débet*.

Pour ce qui concerne la deuxième opération, qui est toute dans l'intérêt du public, dans les mains duquel la propriété va circuler, on n'a pas mis moins de sollicitude à donner toute sécurité. Constituée propriétaire des immeubles par le contrat à réméré, la Caisse hypothécaire d'agriculture, par les actes mêmes qui la saisissent, crée un nombre de billets au porteur, correspondant exactement au montant de l'acquisition et des cinq années d'intérêts accumulés; c'est-à-dire qu'elle souscrit, au bénéfice du porteur, des billets qui représentent et qui rappellent le prix de l'estimation aux *trois cinquièmes* de la valeur vénale.

Les précautions, à la fois les plus solennelles et les plus minutieuses, sont réunies pour démontrer à tous, avec une évidence positive, que les prix d'estimation n'ont été, ni pu être excédés d'une obole.

Le contrat notarié énonce le nombre, les coupures et l'échéance de tous les billets souscrits pour chaque prêt et sur chaque immeuble spécialement.

Ce contrat, revêtu de la signature de deux officiers publics, ou d'un notaire et de deux témoins, est de plus soumis, avec les billets qu'il relate, à l'examen et à la vérification de l'autorité publique qui s'assure de la corrélation parfaite des billets avec le contrat, et réciproquement. Cette vérification est attestée par le visa que le vérificateur appose sur la minute du contrat; plus, par un timbre de correspondance dont il frappe chacun des billets.

Dans leur contexture, les billets relatent identiquement la nature et la situation de l'immeuble aliéné à la

Caisse, la date du titre notarié d'aliénation, le nom du notaire dépositaire de la minute, la somme par fractions ou coupures, et l'échéance à cinq ans. Ils sont stipulés échangeables contre espèces métalliques, à la volonté du porteur, sans frais ni escompte.

Indépendamment du timbre du vérificateur public, la Caisse y appose le sien : un des directeurs signe les billets; un des censeurs les contre-signe pour contrôle; enfin, ils sont détachés d'une souche à talon dont on peut, au besoin, les rapprocher.

Ainsi confectionnés, les billets de chaque aliénation sont délivrés au propriétaire qui a consenti celle-ci, après qu'il a justifié de l'accomplissement de toutes les formalités nécessaires pour purger les hypothèques dont son immeuble pouvait être grevé.

On néglige d'indiquer ici maintes autres précautions de détail qui ne peuvent intéresser que la Caisse et le propriétaire emprunteur entre eux. Elles sont plutôt l'objet de règlemens organiques que de statuts proprement dits.

Maintenant, on le demande, toutes les conditions que l'on vient de récapituler étant remplies, pourra-t-on dire raisonnablement que les billets de la Caisse hypothécaire d'agriculture seront des billets de banque ou de négoce, des papiers de crédit, un papier-monnaie, une valeur fictive, ou d'opinion, ou même de confiance? Non, sans doute.

Les billets de la Caisse ainsi créés ne peuvent être comparés avec aucun des effets de circulation connus jusqu'à présent, que sous ce rapport qu'ils peuvent comme eux passer de main en main et devenir un signe d'échange.

Ils en auront toute l'utilité; ils ne seront exposés, ni n'exposeront à aucun de leurs inconvéniens.

Tout papier de banque présente à l'esprit de ceux auxquels on le propose, l'idée d'une obligation contractée *éventuellement* envers eux, laquelle ne repose que sur la solvabilité individuelle des banquiers souscripteurs, sur leur bonne foi, leur sagesse, leur esprit d'ordre, sur la bonté des effets dont se compose leur porte-feuille;

Ou, si c'est une banque publique, sur ces mêmes valeurs de porte-feuille, appuyées d'un fonds de caisse effectif.

C'est une vraie garantie, sans doute, qu'une grande moralité, des valeurs mobilières certaines; mais tout cela est périssable, et l'imagination inquiète du public y rattache des craintes que malheureusement trop d'exemples ont légitimées.

En matière de papier-monnaie ou de gouvernement, c'est bien autre chose; entre autres inconvéniens pressentis, sont les abus de l'autorité toujours redoutés: quand il s'agit de ressources que celle-ci veut se procurer seule, on sait qu'elle est la maîtresse d'en étendre la masse aussi loin que bon lui semble.

Si elle indique des valeurs positives, même foncières, sur lesquelles le paiement effectif du papier-monnaie soit spécialement assigné, l'autorité a la puissance d'excéder à son gré la somme même de ces valeurs, sans que personne puisse la contrôler, ni l'arrêter dans sa fabrication. La même puissance lui sert à ajourner à son gré les époques d'exigibilité ou de remboursement, en sorte que jamais on n'est certain ni de la valeur que l'on possède, ni de l'époque où l'on pourra la réaliser sans perte.

Nous devons au système de Law, à celui des assignats et des mandats dits *territoriaux*, le malheur d'avoir pour long-temps soulevé notre nation contre l'introduction d'aucun papier-monnaie ou de crédit. Tant il est vrai que les fautes en ce genre sont irréparables : celles-là ont reculé de beaucoup pour la France les développemens qui devaient porter son industrie et son commerce au plus haut degré de prospérité; tandis que nos voisins, plus religieux et plus circonspects dans leurs émissions, ou plus naturellement disposés à en maintenir la valeur, quoique tout-à-fait idéale, doivent à leur papier-monnaie, et leur prodigieuse influence en politique, et leur colossale puissance en commerce.

Nos préjugés nationaux contre les banques et contre tout papier-monnaie iront-ils jusqu'à atteindre aveuglément les billets de la Caisse hypothécaire d'agriculture?

Quelque tendance que le vulgaire ait à tout confondre, cela est impossible.

De trop fortes démarcations existent entre les signes représentatifs proposés et les effets jusqu'ici répandus par les banques les plus respectables, ou par les gouvernemens même les plus sévères.

Deux différences très-notables se rencontrent ici. La première concerne la chose représentée, et la seconde le mode de sa représentation.

Pour la chose représentée, ce sont des immeubles, des fonds de terre, des parties du sol qui ne peuvent jamais périr ni échapper, et prises pour les *trois cinquièmes* seulement de leur valeur vénale authentiquement constatée.

Pour le mode de représentation, c'est la solennelle investiture de tous les droits de la propriété pleine et absolue, réalisable elle-même en écus, sans aucune formalité de justice.

C'est dans le billet *représentatif* un signe impérieux qui commande la conversion immédiate de son montant en numéraire, à la volonté du porteur, lequel n'est obligé, dans aucun cas, d'attendre que l'opération spéciale, dont il a le titre fractionné, se liquide, et lui rende en argent ce qu'il a avancé. Car, comme on va le voir bientôt, la certitude de l'échange à *bureau ouvert* de tous les billets de la Caisse hypothécaire d'agriculture contre des écus, est infailliblement garantie par les espèces que les actionnaires de la Caisse lui ont apportées, et dont jamais elle ne se dessaisit pour autre chose que pour les échanges des billets.

En réduisant toutes les données de cette analyse aux expressions les plus simples et en même temps les plus exactes, il s'ensuit que le billet de la Caisse hypothécaire d'agriculture est un coupon du contrat notarié; qu'il attribue aux porteurs en toute propriété un fragment du sol, en sorte que chacun peut se considérer comme ayant en poche, pour ainsi dire, un, deux, trois ou quatre arpens de terre, suivant la somme qu'exprime son billet : cette conviction est assurément bien propre à lui mettre l'esprit en repos. Une autre considération non moins importante, c'est qu'outre la certitude de ne pouvoir jamais perdre sur un bien qu'il détient pour les *trois cinquièmes* de sa valeur, le porteur du billet a encore celle de pouvoir échanger ce billet contre des espèces, à sa volonté.

Remarquons que ce papier n'est susceptible d'aucun discrédit; qu'il ne se prête à aucune spéculation, ni en hausse, ni en baisse; que son taux est invariable comme son titre; et qu'on le qualifierait très-improprement de papier de confiance ou de crédit, puisqu'il n'est émis pour conquérir ni l'un ni l'autre, mais uniquement pour servir aux échanges dont il sera toujours un type fidèle, la valeur intrinsèque étant de son essence.

Il reste à montrer les rapports sous lesquels le gouvernement peut faire acquérir aux billets de la Caisse hypothécaire d'agriculture, non pas plus de consistance, mais une plus prompte circulation, et les avantages qu'il y trouverait lui-même; il reste enfin à démontrer qu'une émission même subite d'une grande masse de ces billets n'entraînerait aucun des inconvéniens que l'on a supposés. Cette dernière partie justificative du plan mérite également d'être méditée.

Il est d'avance bien entendu que la Caisse hypothécaire d'agriculture doit recevoir du gouvernement son existence *légale*, ou la concession de tous les pouvoirs dont elle a besoin, sinon pour faire ses prêts sur immeubles (faculté qui est acquise de droit à tout le monde), du moins pour faire une émission de billets circulans, ce qui est l'objet capital de son institution, afin de venir au secours des propriétaires obérés.

L'institution réclamée du gouvernement pour la Caisse hypothécaire d'agriculture, est celle de *compagnie privilégiée*, ayant le droit exclusif de cette émission de billets hypothécaires dans tout le royaume, et pouvant l'exercer en société anonyme.

Les discussions fréquentes et approfondies qui ont eu lieu depuis vingt ans sur les priviléges, et plus encore l'expérience, nous ont appris à en distinguer les avantages et les abus. Il faut proscrire les priviléges, quand ils sont un obstacle au développement de l'industrie; il faut les admettre, quand ils sont indispensables pour l'exécution d'une entreprise grande et utile.

Dans l'an XI, le gouvernement crut devoir favoriser par un privilége exclusif l'établissement de la banque de France. Tous les jours, un simple motif d'équité détermine le gouvernement à concéder des priviléges. Ce sont des priviléges, en effet, que ces brevets d'invention, de perfectionnement, d'importation, délivrés sur la simple demande des particuliers.

L'intérêt public, puisqu'il s'agit ici d'un établissement qui doit porter des secours urgens jusque dans les campagnes, et fournir des moyens de vie à l'agriculture et à l'industrie; et l'intérêt de l'établissement, puisque sa création serait impossible sans cette faveur, se réunissent pour provoquer un acte de l'autorité législative qui consacre, par la concession d'un privilége exclusif, et pour un temps limité, l'existence de la Caisse hypothécaire d'agriculture.

Le concours de la puissance législative est indispensable pour plusieurs raisons :

D'abord, à cause du privilége dont jouit déjà la banque de France, et pour que dans aucun temps elle ne puisse se plaindre d'un empiètement sur ses droits ;

En second lieu, parce que la circulation de tous effets publics au porteur doit avoir pour elle, dans l'opinion, ce premier suffrage des conservateurs-nés des droits et des intérêts du peuple, et parce qu'une garantie *légale* est nécessaire à la transmission des propriétés même les plus stables, quoiqu'en réalité cette garantie n'ajoute rien à leur valeur intrinsèque.

Il importe à tout porteur de billets, que d'aucun côté il ne puisse naître d'opposition, ni d'incident, qui en arrête ou en suspende même le cours.

En troisième lieu, les propriétaires emprunteurs trouveront dans la loi rendue la solution positive de toutes les difficultés dont pourraient paraître susceptibles les clauses peu usitées du contrat passé entre eux et la Caisse hypothécaire d'agriculture; celle, par exemple, qui leur conserve la jouissance non interrompue de leur immeuble, nonobstant la vente à réméré qui semble les en dépouiller; celle encore qui attribue aux propriétaires le boni ou le produit d'adjudication excédant le prix du réméré qu'ils n'exercent pas.

De son côté, la Caisse a intérêt à ce qu'une loi consacre en sa faveur le principe de la revente qu'elle fera des propriétés qui ne lui étaient acquises qu'avec les restrictions ci-dessus exprimées, au profit des aliénateurs; et ce néanmoins sans aucunes formalités de justice (autre que celle qui en assure la publicité), sans mise en demeure préalable, et à jour fixe.

Tout se lie et s'enchaîne dans ce vaste plan des opérations de la Caisse hypothécaire d'agriculture; il faut sûreté pour les individus et facilité pour les rouages à mettre en mouvement : leur marche ; si essentielle au bien public, ne peut ici résulter que d'un ensemble bien combiné.

En quatrième lieu, c'est par ces mêmes motifs que l'on doit prendre en considération, pour accorder la loi demandée, l'intérêt des actionnaires eux-mêmes, aussi bien que ceux des autres parties contractantes. Les actionnaires ont droit à toutes les garanties de la durée du privilége, de l'efficacité du pacte à réméré, et de l'exécution simultanée par les propriétaires, par la caisse, par les porteurs de billets, de ce que chacun d'eux aura promis.

Ces actionnaires, en effet, vont verser à la caisse, sur la foi des statuts, d'immenses capitaux métalliques, qui, mis à la disposition de tous les porteurs de billets, pourront incessamment être disséminés par parcelles dans tout le royaume. Il ne leur suffit pas que des profits considérables, suivant toutes les probabilités, doivent un jour être acquis à leurs actions ; il faut que le capital qu'ils mettent en avant ne coure de chances que celles qui auront été prévues.

Au reste, sans qu'il soit besoin de l'expliquer, on entrevoit assez que cette loi sollicitée sera purement protectrice ; qu'elle ne changera nullement la nature des billets hypothécaires, qui seront toujours un titre de particulier à particulier, toujours une valeur territoriale transmise d'individu à individu, emportant contre la caisse (comme personne privée) exigibilité à la minute, et contre le vendeur, le droit d'expropriation immédiate, s'il ne s'est pas libéré à temps ; sans que, dans aucun cas, l'autorité puisse s'immiscer dans aucune de ces poursuites, même pour en ralentir la rapidité.

Personne ne peut s'empêcher de reconnaître que tout le système de ces billets porte sur une base indestructible contre laquelle viendraient échouer tous les coups d'autorité. D'ailleurs, il n'y a pas d'exemple que le gouvernement soit jamais intervenu pour disposer arbitrairement entre des contractans qui ont traité par voie d'affectation hypothécaire, ni contre ce qui constitue la réalité des hypothèques. A plus forte raison, toute crainte doit être bannie, lorsqu'on pense que le pivot des billets hypothécaires est la propriété foncière elle-même, transformée en monnaie, disséminée dans les mains du public par d'innombrables mutations, et devenue ainsi la propriété de tous les porteurs de billets. Où serait la possibilité qu'un tel commerce des immeubles fût jamais compromis par des actes arbitraires du pouvoir?

Concluons que ce premier acte de protection de l'autorité, que cette loi, qui concédera un privilége exclusif pour l'établissement de la Caisse hypothécaire d'agriculture, et la circulation de ses billets, est une mesure nécessaire et qui doit dissiper toute inquiétude.

A la suite de cette première concession, les vrais amis de la France, les défenseurs zélés et judicieux du trône, les hommes d'état, frappés de la gravité des obstacles à surmonter et de l'urgence des besoins, s'empresseront d'en réclamer une seconde, moins pour l'existence de la Caisse hypothécaire qui peut opérer sans cela, que pour le bien public et le prompt soulagement de tous.

Avant d'appeler cette deuxième faveur sur les billets de la Caisse, avant même de l'indiquer, on ne saurait trop reproduire l'évidence de cette vérité fondamentale, que le signe représentatif proposé ici est une obligation créée par des particuliers, assise sur des fonds de terre qui sont calculés bien au-dessous de leur valeur réelle, contrôlée très-sévèrement, et d'une émission toujours libre et proportionnée aux biens aliénés.

Répétons ce dont on doit être plus que convaincu désormais, que ces billets de la Caisse, frappés au coin modeste d'une entreprise purement privée, purement commerciale, ne seront, ne pourront jamais être un papier forcé; que jamais les créanciers ne seront contraints de les recevoir comme espèces métalliques des mains de leurs débiteurs, pas plus qu'aujourd'hui ils ne sont obligés de prendre en payement des lettres de change, des billets à ordre ou autres cédules sur particuliers qui leur seraient offertes.

Mais si, d'un côté, il importe que cette vérité soit bien sentie pour que l'émission de ces billets n'excite aucune crainte, d'un autre côté, il n'est pas moins important que, laissant aux incrédules toute liberté d'agir, de prendre ou de ne pas prendre dans leurs échanges les billets de la Caisse, on fasse, sans efforts, tout ce qui est propre à les faire accueillir, à fixer la confiance de ceux qui ne veulent qu'être éclairés et secourus, à vaincre peu à peu l'incrédulité elle-même.

Il est hors de doute que le gouvernement a tous les moyens de disposer l'opinion en faveur des billets à émettre; il n'a rien à ajouter à leur valeur intrinsèque;

mais il peut la faire connaître, il peut certifier qu'elle est *au titre;* il le peut surtout par l'exemple.

Le gouvernement peut ordonner que les billets de la Caisse hypothécaire d'agriculture seront reçus dans toutes les caisses publiques en payement des contributions.

En peu de temps, ces billets seront reçus dans tous les porte-feuilles : les esprits les plus inquiets s'accoutumeront à les voir; bientôt toutes les réflexions auront été faites sur la valeur de ce papier, elle sera éprouvée; l'usage s'en répandra, la circulation les adoptera *à l'instar* des écus, avec autant de tranquillité, et peut-être même par préférence.

Notre proposition est importante sans doute; elle doit avoir de grandes suites, elle peut amener de grands changemens dans la marche générale des affaires de finance et de commerce, dans les canaux qui alimentent l'agriculture et l'industrie; mais, on ne saurait trop le dire, c'est une valeur impérissable qui arrive dans la circulation; dès-lors, notre proposition ne peut être ni téméraire ni indiscrète.

Cette proposition faite au gouvernement de procurer aux billets de la Caisse hypothécaire d'agriculture un écoulement par les caisses publiques, est bien dans l'intérêt de l'État; car, cet avantage dont jouiront les billets hypothécaires, amènera infailliblement un plus grand nombre d'aliénations en faveur de la caisse, et ces aliénations, des droits de mutation considérables. Cette proposition étant adoptée sera aussi pour la Caisse hypothécaire d'agriculture d'un avantage immense et qui doit être compensé; aussi est-elle disposée à céder un quart de ses bénéfices.

La destination de ce quart serait déterminée par un des articles de la loi sollicitée, et concourrait probablement à l'extinction de notre dette nationale.

Ces divers avantages, quelle que soit leur importance, le cèdent encore à cette haute considération, que la circulation des billets hypothécaires rend tout à coup le mouvement aux exploitations de l'agriculture et aux opérations de l'industrie; qu'elle féconde un sol désolé, en faisant naître de ses débris un moyen de restauration, devenu de la plus grande urgence; et qu'elle présente enfin tous les moyens et toutes les espérances d'un prompt développement à la prospérité nationale.

Ajoutons que cette augmentation de signes d'échange facilitera le paiement des contributions, soit ordinaires, soit extraordinaires, et qu'un des résultats, indirect mais infaillible, de l'exécution de notre plan, sera de ramener plus tôt le calme dans les esprits, et ce sentiment général de bien-être, garant le plus certain de la tranquillité publique.

Ce n'est pas la valeur qui manque à la France pour sortir de cette crise terrible où tant de fautes l'ont plongée, mais le moyen de rendre cette valeur disponible, usuelle et d'un emploi facile pour les échanges, pour l'acquit des impôts, pour les entreprises utiles.

En attendant que notre horizon politique se colore de toutes les nuances du bonheur qui est dans nos mains, et dont il ne s'agit que de développer le germe, ne négligeons pas le soin le plus pressant, celui de reprendre des forces pour réparer nos pertes. C'est un premier flot qu'il faut procurer au vaisseau de l'État.

Des impositions décrétées ne seront utiles qu'autant qu'elles pourront être promptement acquittées ; et, pour qu'elles le soient, c'est le numéraire réel, et à son défaut un numéraire fictif, mais irrécusable, qu'il faut créer de suite.

De notre malheur même naît le remède. Les propriétaires fonciers sont là, qui ne demandent pas mieux que d'en fournir la substance ; ils sont là avec leurs besoins qui sont extrêmes, avec leurs fonds territoriaux qui offrent toutes les garanties désirables.

Ils attendent aussi, disposés à verser leurs fonds, les capitalistes qui, réduits aux garanties ordinaires, ne les accueillent que difficilement ; qui, à raison du risque et des embarras, exigent une prime trop forte pour que l'infortuné propriétaire puisse en faire le sacrifice sans consommer sa ruine entière. Ces capitalistes sont tous disposés à livrer leur argent sur des titres et des valeurs qui soient plus à leur convenance, à le livrer avec l'expectative de faire une spéculation plus fructueuse. Car, si pour le premier jet, pour celui qui tourne au soulagement immédiat du propriétaire emprunteur, le capitaliste associé à la Caisse effectue le prêt au taux le plus modique, bientôt des combinaisons tout-à-fait étrangères à l'emprunteur, des mouvemens qui ne le grèvent en rien, et dont personne ne fait les frais, élèvent le profit éventuel du prêteur à un taux bien au-dessus des bénéfices ordinaires.

Sans vouloir sortir du cercle tracé par le sujet que nous avons embrassé, ni prétendre encore moins critiquer les actes de l'administration en finances, qu'il nous soit permis de placer transitoirement une remarque sur la détermination déjà prise d'aliéner à perpétuité trois cent mille hectares des forêts de l'État. Jusqu'à nos jours, ces antiques dépendances du domaine public avaient été frappées d'un caractère d'inaliénabilité en quelque sorte sacré; on s'était attaché, dans les désordres même de la révolution, à grossir la masse de ces propriétés publiques. La mise en vente simultanée d'un si grand nombre d'hectares, à une époque où la rareté du numéraire favorise la cupidité des acquéreurs, a paru à plusieurs bons esprits devoir être désastreuse.

Pourquoi le gouvernement, s'assimilant aux propriétaires obérés, n'adopterait-il pas comme eux le parti de ne vendre qu'à titre de réméré? Il en obtiendrait une valeur infailliblement supérieure à celle des adjudications qu'il réalisera, si l'on considère l'extrême modicité de l'intérêt dont il sera débiteur envers la Caisse hypothécaire d'agriculture, la jouissance qu'il conservera, les dix années de délai qu'il peut se ménager pour son remboursement, les bonifications intermédiaires qu'il pourra effectuer dans ses bois.

Il procurerait au trésor, par ce mode de réméré, autant de ressources pécuniaires que par le mode de la vente définitive, et au bout de dix ans d'économie, le fonds des forêts conservées lui resterait.

L'État, qui est le plus grand propriétaire d'immeubles, qui est aussi le propriétaire le plus obéré, peut devenir comme les particuliers, et sous les mêmes conditions, emprunteur à la Caisse hypothécaire d'agriculture.

Ce n'est pas assez d'avoir fait ressortir toute l'utilité de l'émission proposée des billets de la Caisse hypothécaire d'agriculture ; notre tâche ne serait point remplie, et l'on pourrait nous supposer vaincus par les objections qui ont été faites contre notre plan, si nous ne les abordions pas toutes avec franchise.

Ce qui a donné lieu à sa discussion, c'est la demande que nous avons faite au gouvernement, dans le mois de juillet 1814, pour qu'il en autorisât l'exécution sous la forme d'une société anonyme. Notre proposition fut renvoyée par le ministre de l'intérieur au directeur général du commerce, devant lequel des conférences se sont engagées. On rappellera trois objections principales.

On a prétendu d'abord que, les billets de la Caisse hypothécaire d'agriculture venant à être très-répandus, il pouvait survenir une crise générale, une terreur panique, dont l'effet serait d'amener à la fois tous les porteurs de ces billets territoriaux à la Caisse d'agriculture pour exiger leur remboursement ; et l'on a demandé comment la Caisse s'y prendrait pour les rembourser tous, sans secousse ni commotion publique.

On a supposé, en deuxième lieu, qu'une forte masse de billets, jetés dans la circulation, y occasionerait inévitablement un extrême renchérissement des denrées et des marchandises.

Enfin, on s'est occupé des intérêts de la banque de France, ou du moins de l'opposition qu'elle pourrait manifester contre l'établissement de la Caisse hypothécaire d'agriculture, à cause de la rivalité de ses billets circulans.

Reprenons par ordre.

1°. *La crise générale et le remboursement subit à faire de tous les billets !*

Cette première objection se compose de deux argumens, qu'il faut apprécier l'un après l'autre, savoir :

La survenance de la crise ;

L'impossibilité de tout rembourser à la fois.

La survenance de la crise !

On n'a pu faire cette objection, que parce qu'on n'a pas réfléchi sur les élémens combinés dont se compose l'émission des billets; et parce que, sans examen, on s'est abandonné aux préventions du vulgaire contre toute espèce de papier.

Oui, sans doute, des inquiétudes générales ont été semées plus d'une fois contre les billets de banque, même les plus solides : oui, sans doute, les porteurs, plus d'une fois, sont accourus tous ensemble pour en réclamer tumultueusement l'échange immédiat contre des écus.

Mais, pourquoi cela est-il arrivé? La cause en est dans la nature même du billet de banque et des garanties qu'il présente. Quelque consolidée que soit une banque, son papier n'est jamais qu'un papier de crédit auquel on accorde plus ou moins de confiance, suivant que l'on suppose qu'elle est plus ou moins dans la dépendance de l'autorité, et qu'elle possède plus ou moins de valeurs positives.

Comme tout l'avoir d'une banque est purement mobilier, le public peut craindre que ce gage fugitif n'ait été déplacé, qu'il n'ait disparu en tout ou en partie. Il ne lui est pas nécessaire, pour prendre l'alarme, d'avoir la preuve d'un abus aussi monstrueux. L'abus est humainement possible ; c'en est assez pour que le public s'agite et qu'il puisse être tourmenté ; la malveillance fait le reste.

Mais, dans la constitution de la Caisse hypothécaire d'agriculture, avec la nature des valeurs que ses billets représentent, où est le germe d'une inquiétude possible, et surtout d'une inquiétude générale, universelle, qu'il faut cependant admettre pour que l'objection soit plausible? Tous les porteurs à la fois craindraient donc que la terre ne vînt à leur manquer? car c'est la terre qu'ils ont pour gage : disons mieux, c'est la terre elle-même qu'ils possèdent, puisqu'il est avéré que le billet de la Caisse n'est autre chose qu'un titre de propriété territoriale.

Toutefois, admettons la survenance de cette crise.

L'impossibilité, dans ce cas, d'un remboursement subit et complet!

Prenons ici l'hypothèse la plus favorable dans le sens de l'objection; supposons que la Caisse ait prêté 825,000,000 fr. (somme prise pour type dans le tableau qui offre le mouvement des cinq premières années) ; elle aurait dans la circulation pour 990,000,000 fr. de billets représentant le capital prêté et ses intérêts. Dans ce cas, la somme en caisse sera de 280,300,000 fr., qui suffiront à un échange de plusieurs mois. Et si la crise, qui n'est jamais qu'un effet passager, et qui surtout ne saurait être de longue durée quand il s'agit de billets fondés en valeur aussi positive, hypothéqués sur immeubles d'une valeur presque double, si la crise survivait à un paiement vaste et non interrompu de plusieurs mois, les billets rentrés par l'échange ne fourniraient-ils pas à la Caisse de nouveaux moyens, pour trouver, par leur dépôt en nantissement, chez des capitalistes nationaux ou étrangers, les espèces nécessaires pour prolonger le paiement tout aussi long-temps que la crise durerait, et enfin jusqu'à retirement complet des billets en circulation?

Il ne s'agira, pour le succès des emprunts destinés à épuiser la circulation des billets (si tant est que cet épuisement soit une extrémité concevable), que de s'entendre sur l'article des intérêts à servir aux prêteurs; quel que soit le taux de ces intérêts, certes, la Caisse peut, avec 80,000,000 fr. de fonds de réserve, parer à tous les sacrifices commandés par cet événement.

Sous tous les points de vue, cette première objection est donc chimérique.

2°. *Surabondance des signes représentatifs ;*
Renchérissement des denrées et marchandises.

Parlons d'abord de la *surabondance* des signes.

Il y a dans la circulation disette de numéraire, disette de signes représentatifs.

La Caisse hypothécaire d'agriculture va émettre ces derniers moyens d'échange, pour des sommes, si l'on veut, fort considérables. Très-probablement d'abord, et c'est un malheur, elle ne pourra les émettre en assez forte quantité, ses opérations n'étant que graduelles.

Dans tous les cas, quelque impulsion qu'elle reçoive, ou lente, ou accélérée, ce qu'il y a de certain, c'est qu'elle ne peut émettre un seul billet sans une demande; et une demande est un gage hypothécaire. Ces demandes indiquent donc les besoins et règlent l'émission.

Il est encore un obstacle naturel à la surabondance des billets circulans, c'est le taux de l'intérêt de l'argent.

L'inévitable effet de la mise en circulation des billets de la Caisse hypothécaire d'agriculture, est de faire tomber ce taux aux 4 pour 100 qu'il en coûte chez elle pour se procurer des écus.

Quand l'intérêt de l'argent qui circule en numéraire sera descendu à 4 pour 100, c'en sera fait des émissions de la Caisse hypothécaire d'agriculture ; elle n'aura plus un seul billet à ajouter à ceux déjà en circulation, par la raison, encore une fois, qu'elle ne peut émettre de billets qu'autant que les propriétaires de biens-fonds se présentent à elle pour emprunter, et viennent lui apporter, dans leur immeuble, le lingot avec lequel elle bat sa monnaie de convention, qui a toujours une valeur réelle.

Il est donc évident qu'il n'y aura jamais une surabondance nuisible des billets de la Caisse.

Venons au renchérissement des denrées et marchandises.

C'est une erreur de penser que c'est l'abondance du signe d'échange qui opère le *renchérissement des denrées et des marchandises, du moins de celles de première nécessité.*

Ce qui fait que les denrées deviennent accidentellement plus chères dans un temps que dans un autre, c'est qu'elles sont plus rares, c'est que les récoltes ont été moins abondantes.

Quand la terre en produit beaucoup, elles se vendent toujours à un prix modéré, quelle que soit l'abondance du numéraire circulant, parce qu'elles dépérissent si on les garde; qu'on ne peut pas les exporter sans la permission du gouvernement, et que le transport en est dispendieux.

Il faut nécessairement qu'elles se consomment dans le pays.

Dès-lors, ce qui règle leur prix, n'est pas la quantité des espèces qui sont là pour les payer; c'est le nombre des consommateurs qui s'en disputent la possession.

A toutes ces raisons de se tranquilliser, s'en joignent d'autres qui n'échappent pas à un administrateur éclairé.

Quand, dans un pays agricole comme la France, il y a beaucoup de numéraire en circulation, ou, ce qui est la même chose, beaucoup de signes qui le remplacent, il s'ensuit qu'il y a des capitaux pour tous les emplois productifs.

Or, de tous les emplois le plus productif est, pour nous, l'agriculture. Que l'on répande sur le sol français tous les moyens d'amélioration, tous les engrais convenables, on lui fera rapporter beaucoup plus de denrées qu'il n'en a encore produit. La reproduction y sera telle que bientôt elle dépassera en quantité tous les besoins actuels de la consommation, que partout il y aura plus de denrées que d'acheteurs, plus de produits naturels que d'espèces circulantes sur les marchés.

Et remarquons que, dans l'institution essentielle de la Caisse hypothécaire d'agriculture, c'est là précisément le genre d'emploi qui se fait en première ligne des capitaux dont elle est émissionnaire. C'est au sol exclusivement qu'elle les prête.

Nous ne voulons pas nous étendre sur le chapitre des reproductions agricoles, il serait inépuisable. Notre objet est rempli, si nous avons tranquillisé ceux qui se sont alarmés sur la subsistance du peuple. Il serait bien singulier qu'un établissement dont le résultat infaillible est de la mieux assurer, pût être considéré comme devant la compromettre.

Pour n'user d'aucune réticence dans une matière aussi sérieuse, sondons toute la profondeur de la plaie.

Ce ne sont ni les travers d'opinion qui divisent les classes aisées de la société, ni les inspirations malveillantes des partisans de révolutions, ni les souvenirs, quoique bien récens et bien amers des dévastations, que l'on doit envisager comme la véritable cause du mal politique dont nous sommes tourmentés.

Qu'on cesse de se faire illusion; ce ne sont là que des désordres accidentels, passagers, partiels et faciles à corriger. L'inoccupation des bras, la désertion des ateliers de l'industrie, le défaut de travail ou de revenus, voilà les causes qui rendent la masse de la population accessible à tous les genres de séduction, qui lui font prêter l'oreille à des provocations perfides, dont elle ne démêle pas le but, et lui font exhaler des plaintes injustes, oiseuses, sur des objets qui, au fond, l'intéressent peu.

Pour arracher aux malveillans, qui circonviennent la multitude, tout prétexte, tout moyen de l'abuser, procurons-lui au plus tôt l'occasion du travail, le retour des salaires, et le germe des agitations sera détruit.

Pour solder les salaires, remettons aux mains du propriétaire qui les paye, les espèces qui lui manquent. Chacun alors aura de quoi pourvoir à ses premiers besoins. Si l'ouvrier gagne, et s'il gagne constamment, au prix où sont les journées, on n'aura pas à s'enquérir du prix des denrées de première nécessité ; l'ouvrier l'atteindra sans peine, et par conséquent sans murmure.

Peut-être l'augmentation du numéraire circulant fera augmenter le prix de certaines marchandises de luxe, parce que l'arbitraire en décide assez ordinairement. Mais, pour l'ordre public, il n'y aura pas à s'alarmer de ce renchérissement.

3°. *Droits exclusifs conférés à la Banque de France, pour l'émission des billets.*

Rivalité.

Remarquons d'abord que cette dernière objection ne porte notoirement que sur un intérêt secondaire.

La Banque de France, dans le fait, est loin d'avoir accompli les destinées que son nom lui assignait. Jamais elle n'a été ni voulu être la banque de France ; elle est tout au plus banque pour la ville de Paris. Encore s'en faut-il de beaucoup que tout le commerce de Paris soit secondé par elle, dans ces derniers temps surtout, où elle a excessivement restreint ses escomptes.

Paris, au surplus, n'est pas toute la France, et c'est au secours de toute la France qu'il faut venir. Ce sont les villes de l'intérieur, ce sont les campagnes qui réclament à grands cris des moyens de circulation.

La banque de France, qui ne peut pas les leur fournir, ne peut donc se prévaloir de son droit exclusif pour les en priver. L'intérêt public, les besoins de la France détermineront le législateur à modifier la loi rendue en faveur de cet établissement.

La Banque de France est un grand bureau d'escompte, où l'on opère sur les seuls effets de commerce ou de négoce, sur des valeurs d'opinion ou purement mobilières. C'est un comptoir, et rien de plus. Ses billets ne sont autre chose que des billets de crédit, susceptibles, par conséquent, d'une dépréciation quelconque : la banque de France ne les délivre pas contre des immeubles ; il n'y a nulle analogie entre cette Banque et notre Caisse.

Ainsi, il n'existera aucune rivalité entre les deux établissemens, qui ne spéculent pas, et ne spéculeront jamais sur les mêmes matières. Les négocians seront toujours la clientelle de la Banque de France ; les propriétaires, la clientelle de la Caisse hypothécaire d'agriculture. De là, nul contact, point de concurrence.

Ainsi s'évanouissent toutes les objections proposées contre notre système, système déjà éprouvé avec succès, malgré des imperfections locales, et dont l'application perfectionnée doit avoir deux résultats les plus importans, celui de sauver la France de ses embarras actuels, et de la conduire bientôt au plus haut degré de prospérité.

Nota. Le modèle de Bon ci-annexé a pour objet de faire connaître la contexture *extérieure*, soit du talon, soit du billet.

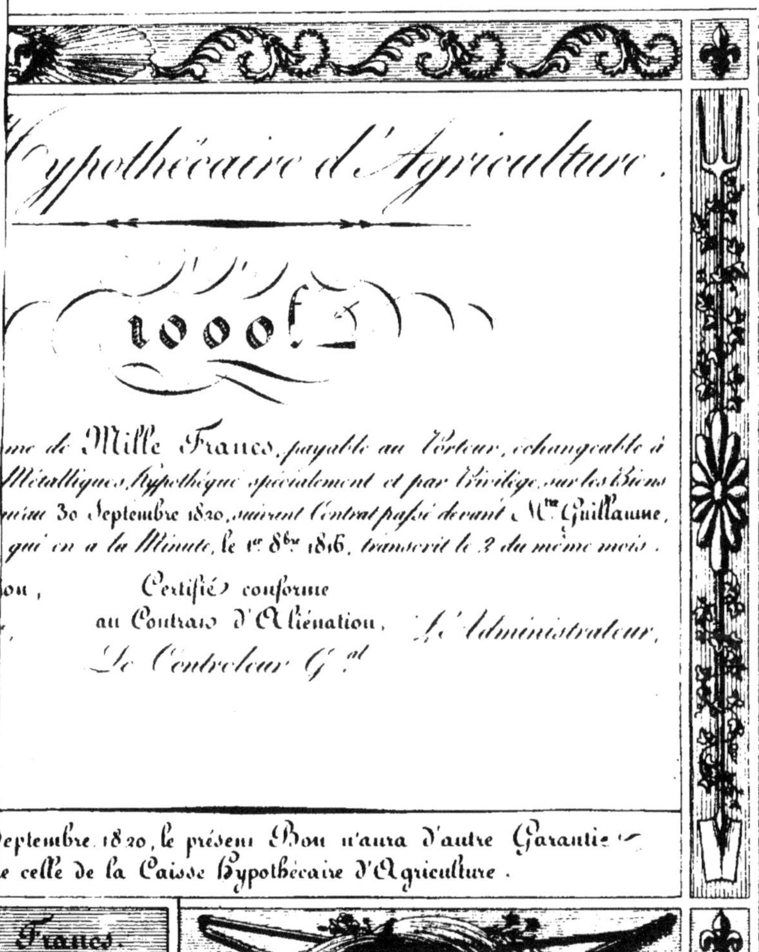

Hypothécaire d'Agriculture.

1000f.

…me de Mille Francs, payable au Porteur, échangeable à
… Métalliques, Hypothéqué spécialement et par Privilège, sur les Biens
…nu 30 Septembre 1820, suivant Contrat passé devant Mtre Guillaume,
… qui en a la Minute, le 1er 8bre 1816, transcrit le 2 du même mois.

…ion, Certifié conforme

au Contrats d'Aliénation, Le Administrateur,

Le Contrôleur Gal

…Septembre 1820, le présent Bon n'aura d'autre Garantie
…e celle de la Caisse Hypothécaire d'Agriculture.

Francs.

…rdieu, Quai des Augustins, No 59.

Talon.

Aliénation 410.

Valeur du Bien aliéné : 300,000 f.

Notaire dépositaire de la Minute du Contrat d'Aliénation.
Guillaume, à Nantes.

Propriétaire Aliénateur,
Dumons, domicilié à Paris,
Rue de la Sourdière, N° 4.

Date du Procès-verbal d'estimation et assurance, par la Maison de Garantie, de Nantes. 15 Septembre 1816.
Somme assurée 180,000 f.

N° du Bon. 80.

Désignation des Biens aliénés à la Caisse, situés dans le Département de la Loire-inférieure, Arrondiss.t de Nantes.

Une Maison à Nantes	20,000 f.
600 Hectares de Prés	200,000.
400 idem de Terres labourables	60,000.
60 id. de Bois	20,000.
Ensemble	300,000.

Bordereau des Bons Hypothéqués spécialement et par Privilège, sur les Biens désignés ci-dessus.

80 Bons de 1000 f.	80,000 f.
40 idem de 500	20,000.
200 id. de 200	40,000.
400 id. de 100	40,000.
Ensemble	180,000.

Quatre-vingtième et dernier Bon de Mille Francs.
ne varietur

Registre O.
Aliénation 410.
Registre du Talon BB.

Caisse Hypothécaire d'Agriculture.

N° 80

1000 f.

Bon pour la Somme de Mille Francs, payable au Porteur, échangeable à vue, contre Espèces Métalliques, Hypothéqué spécialement et par Privilège, sur les Biens désignés ci-contre, jusqu'au 30 Septembre 1820, suivant Contrat passé devant M.re Guillaume, Notaire à Nantes, qui en a la Minute, le 1er 8bre 1816, transcrit le 2 du même mois.

Vu pour Vérification,
Le Censeur,

Certifié conforme au Contrat d'Aliénation.
Le Contrôleur G.al

L'Administrateur,

Après le 30 Septembre 1820, le présent Bon n'aura d'autre Garantie que celle de la Caisse Hypothécaire d'Agriculture.

Mille Francs

Dessiné et gravé par Ambroise Tardieu, Quai des Augustins, N° [illegible].

STATUTS
DE LA CAISSE HYPOTHÉCAIRE
D'AGRICULTURE.

Art. 1er. Il sera formé à Paris une société anonyme, sous le nom de *Caisse hypothécaire d'agriculture*, dont le sieur A.-G. Deleuze est fondateur. Cette société durera trente années entières et consécutives, qui commenceront le 1816.

2. Le capital de la Caisse hypothécaire d'agriculture sera de deux cent millions de francs, divisés en deux cent mille actions de mille francs chacune, et d'un fonds de réserve qui sera pris sur les bénéfices.

3. La Caisse hypothécaire d'agriculture sera administrée par son fondateur et six administrateurs. Un contrôleur général nommé par le gouvernement, et dix censeurs choisis par les actionnaires et parmi eux, exerceront une surveillance sur toute l'administration; le premier, dans l'intérêt du public; les autres, dans l'intérêt des actionnaires.

4. L'administration, composée du fondateur et des six administrateurs, prendra pour son compte deux mille actions, et les réalisera avant d'entrer en fonctions; elle les déposera dans la caisse de l'établissement, où elles resteront constamment, pour répondre du fait de la gestion.

5. L'objet principal de la Caisse hypothécaire d'agriculture sera de prêter aux propriétaires, sur des immeubles qui lui seront cédés par eux, à pacte de rachat dans cinq ans. Le prêt principal et les cinq années d'intérêts cumulés n'excéderont pas les *trois cinquièmes* de la valeur des immeubles aliénés.

6. La jouissance de l'immeuble aliéné à la Caisse hypothécaire d'agriculture restera, par concession, à l'aliénateur. Le prix de cette jouissance, calculé à raison de 4 pour 100 par an sur le prix de l'aliénation, consiste dans les intérêts alloués à la caisse, et ne sera payable qu'à l'expiration du réméré.

7. Le délai pour le rachat pourra être prorogé, mais d'après une nouvelle estimation, et une nouvelle délibération qui devra être prise, au moins six mois avant l'expiration du premier délai. Dans ce cas, l'aliénateur devra acquitter le prix des cinq années d'intérêts.

8. La Caisse hypothécaire d'agriculture, en cas de non-rachat, ne pourra conserver la propriété d'aucun des biens qui lui auront été aliénés ; elle fera procéder, dans les trois mois de l'expiration du réméré, à la revente desdits biens, sur deux publications, en l'étude d'un notaire, au plus offrant et dernier enchérisseur, et sans qu'il soit besoin d'aucun jugement préalable d'autorisation.

9. Sur le produit de cette revente, la Caisse hypothécaire d'agriculture retiendra la totalité des sommes, tant en principal qu'accessoires, dont elle se trouvera en avance. Le surplus sera remis à l'aliénateur ou à ses ayant-cause.

10. Il sera établi dans chaque département une maison

de garantie composée de propriétaires, et qui devra fournir un cautionnement équivalent au douzième des aliénations qu'elle procurera.

11. Aucun contrat ne pourra être passé qu'après qu'une des maisons de garantie aura fait estimer les propriétés offertes pour être aliénées, et en aura garanti l'estimation. Les procès-verbaux d'estimation détermineront la valeur vénale desdites propriétés en leur entier; et par les actes de garantie, les maisons souscriront leur engagement, qui portera responsabilité envers la Caisse hypothécaire d'agriture pour les *trois cinquièmes* de ladite valeur estimée.

12. Pendant la durée des trente années du privilége, la Caisse hypothécaire d'agriculture aura seule le droit d'introduire dans la circulation des bons hypothéqués spécialement et par privilége sur propriétés foncières. L'émission qu'elle en fera sera corrélative aux contrats d'aliénation qui auront été consentis à son profit.

13. Les bons seront de 1,000 fr., 500 fr., 200 fr. et 100 fr. Il ne pourra, sous aucun prétexte, en être créé d'inférieurs à cette dernière valeur. Ils seront tous confectionnés à Paris, conformes aux quatre modèles arrêtés, et auront un talon.

14. Tous les bons seront signés par un membre de l'administration, contre-signés par un censeur, et visés par le contrôleur général. Ils ne pourront être introduits dans la circulation qu'après ce visa. Ils seront payables au porteur, et échangeables à vue contre des espèces métalliques, sans frais ni escompte.

15. L'administration de la Caisse hypothécaire d'agriculture déterminera le placement des actions, et leur

mode de paiement, d'après les demandes de fonds qui lui seront faites. Elle ne pourra pas en créer un plus grand nombre que celui fixé à l'article 2.

16. Les actionnaires recevront, tous les six mois, deux pour cent d'intérêt, sur leur mise-dehors, et en sus, une prime de trois pour cent.

17. Les fonds provenant des actions seront déposés dans une caisse à deux clefs, dont une restera entre les mains des censeurs, et la deuxième à l'administration.

18. Les sommes déposées dans cette caisse seront employées à l'échange des bons, et aussitôt remplacées par ceux-ci, et réciproquement les bons seront retirés, et remplacés par des sommes égales à leur montant.

19. Toute la tenue des écritures est exclusivement confiée à l'administration. Aux époques fixes des 1er. septembre et 1er. mars, l'administration présentera au comité des censeurs le compte général des opérations et de tout ce qui intéresse les actionnaires, dans la gestion des premier et deuxième semestres de l'année. Ce compte général, appuyé des pièces justificatives, devra être examiné et apuré définitivement par les censeurs, dans les deux mois qui suivront sa présentation.

Cet arrêté sera le résultat d'une délibération spéciale, prise à la majorité des censeurs, en présence du contrôleur général, remplissant les fonctions de commissaire du Roi, et opérera la décharge de l'administration envers tous les intéressés de l'établissement.

20. Le fondateur prélevera, à titre de forfait, 5 pour 100 du montant des contrats d'aliénation : ce prélèvement se fera par retenue, sur le montant des intérêts

capitalisés. Au moyen de cette rétribution, il demeure chargé des frais généraux d'installation et d'administration, ainsi que de l'estimation des immeubles et de la prime d'assurance à payer aux maisons de garantie, des honoraires du contrôleur général, frais de ses bureaux, papier et timbre des bons, et de tous autres frais de gestion prévus ou imprévus, sans que, dans aucun cas, les capitaux des actionnaires puissent en être affectés.

21. Après avoir prélevé, sur les bénéfices bruts, les intérêts des actions, la prime accordée aux actionnaires, et la rétribution pour les frais généraux, fixée à forfait par l'article précédent, le surplus, formant le bénéfice net, sera mis en réserve pour augmentation des capitaux.

Dans cette réserve, les actionnaires auront droit à 50 c.

Le gouvernement, à. . . .	25
Les maisons de garantie, à. .	15
L'administration, à.	10
TOTAL.	100

22. Après les cinq premières années, donnant dix semestres, les sommes mises en réserve formeront le dividende dû aux intéressés; mais, à cette époque, la réserve seulement du premier semestre sera répartie; et successivement de six mois en six mois, la réserve du deuxième, du troisième, du quatrième semestres, en sorte que les fonds en réserve soient toujours le bénéfice net des cinq dernières années.

23. La portion dans les dividendes appartenant au gouvernement, sera employée en acquisitions de rentes sur l'État, au cours du jour. Ces rentes seront éteintes, et les

certificats d'extinction seront déposés à la caisse d'amortissement, pour la décharge de l'administration.

24. La Caisse hypothécaire d'agriculture ne pourra faire aucune opération de commerce ni de banque ; elle se bornera aux prêts sur propriétés foncières et aux échanges de ses bons hypothécaires.

FIN.

IMPRIMERIE DE FAIN, RUE DE RACINE, PLACE DE L'ODÉON.

F

Des opérations des cinq premières années,

SEMESTRES.	CAPITAUX de L'ÉTABLISSEMENT.		SO PR s imn al l'étab à p rach cin	BÉNÉFICES NETS, mis en réserve pour augmentation des capitaux.	SITUATION DE L'ÉTABLISSEMENT A LA FIN DE CHAQUE SEMESTRE.		
					BONS dans la circulation.	GARANTIE DES BONS	
						En immeubles.	En espèces.
1er.	Tous les fonds nécessaires pour les frais d'installation et d'établissement sont fournis par le fondateur.	20,000,000	15,(	1,460,000	18,000,000	30,000,000	21,460,000
2e.		20,000,000	30,	2,920,000	54,000,000	90,000,000	44,380,000
3e.		20,000,000	45,	4,380,000	108,000,000	180,000,000	68,760,000
4e.		20,000,000	60,	5,840,000	180,000,000	300,000,000	94,600,000
5e.		20,000,000	75,	7,300,000	270,000,000	450,000,000	121,900,000
6e.		20,000,000	90,	8,760,000	378,000,000	630,000,000	150,660,000
7e.		20,000,000	105,	10,220,000	504,000,000	840,000,000	180,880,000
8e.		20,000,000	120,	11,680,000	648,000,000	1,080,000,000	212,560,000
9e.		20,000,000	135,	13,140,000	810,000,000	1,350,000,000	254,700,000
10e.		20,000,000	150,	14,160,000	990,000,000	1,650,000,000	280,300,000
5 ans.		200,000,000	825,0	80,300,000			

TABLEAU PROGRESSIF

Des opérations de la Caisse hypothécaire d'agriculture, pendant les cinq premières années, calculé sur le capital de 200 millions.

SEMESTRES.	CAPITAUX de l'ÉTABLISSEMENT.		SOMMES PRÊTÉES sur les immeubles aliénés à l'établissement à pacte de rachat dans cinq ans.	VALEURS EFFECTIVES des immeubles aliénés à l'établissement.	BONS créés sur les immeubles acquis à réméré, pour le montant des sommes payées pour les aliénations et pour les cinq ans d'intérêt, à 4 pour 100 par an.	BÉNÉFICES BRUTS, ou différence entre les sommes payées aux aliénateurs, et le montant des Bons émis.	SOMMES A PRÉLEVER SUR LES BÉNÉFICES BRUTS			TOTAUX des sommes prises sur les bénéfices bruts.	BÉNÉFICES NETS, mis en réserve pour augmentation des capitaux.	SITUATION DE L'ÉTABLISSEMENT A LA FIN DE CHAQUE SEMESTRE.		
							PAR LE FONDATEUR, pour la généralité des frais fixés à forfait, à 3 pour 100 sur chaque aliénation.	PAR LES ACTIONNAIRES.				BONS dans la circulation.	GARANTIE DES BONS	
								Pour les intérêts des fonds versés, à 4 pour 100 par an.	Pour les primes à 6 pour 100 par an, sur les sommes versées.				En immeubles.	En espèces.
1er.	Tous les fonds nécessaires pour les frais d'installation et d'établissement sont fournis par le fondateur.	20,000,000	15,000,000	30,000,000	18,000,000	3,000,000	540,000	400,000	600,000	1,540,000	1,460,000	18,000,000	30,000,000	21,460,000
2e.		20,000,000	30,000,000	60,000,000	36,000,000	6,000,000	1,080,000	800,000	1,200,000	3,080,000	2,920,000	54,000,000	90,000,000	44,380,000
3e.		20,000,000	45,000,000	90,000,000	54,000,000	9,000,000	1,620,000	1,200,000	1,800,000	4,620,000	4,380,000	108,000,000	180,000,000	68,760,000
4e.		20,000,000	60,000,000	120,000,000	72,000,000	12,000,000	2,160,000	1,600,000	2,400,000	6,160,000	5,840,000	180,000,000	300,000,000	94,600,000
5e.		20,000,000	75,000,000	150,000,000	90,000,000	15,000,000	2,700,000	2,000,000	3,000,000	7,700,000	7,300,000	270,000,000	450,000,000	121,900,000
6e.		20,000,000	90,000,000	180,000,000	108,000,000	18,000,000	3,240,000	2,400,000	3,600,000	9,240,000	8,760,000	378,000,000	630,000,000	150,660,000
7e.		20,000,000	105,000,000	210,000,000	126,000,000	21,000,000	3,780,000	2,800,000	4,200,000	10,780,000	10,220,000	504,000,000	840,000,000	180,880,000
8e.		20,000,000	120,000,000	240,000,000	144,000,000	24,000,000	4,320,000	3,200,000	4,800,000	12,320,000	11,680,000	648,000,000	1,080,000,000	212,560,000
9e.		20,000,000	135,000,000	270,000,000	162,000,000	27,000,000	4,860,000	3,600,000	5,400,000	13,860,000	13,140,000	810,000,000	1,350,000,000	254,700,000
10e.		20,000,000	150,000,000	300,000,000	180,000,000	30,000,000	5,400,000	4,000,000	6,000,000	15,400,000	14,160,000	990,000,000	1,650,000,000	280,300,000
5 ans.		200,000,000	825,000,000	1,650,000,000	990,000,000	165,000,000	29,700,000	22,000,000	33,000,000	84,700,000	80,300,000			

www.ingramcontent.com/pod-product-compliance
Ingram Content Group UK Ltd.
Pitfield, Milton Keynes, MK11 3LW, UK
UKHW021028180726
13838UKWH00004B/1668

9 782329 334509